# Die Aufgabe der wissenschaftlichen Theologie für die Kirche der Gegenwart.

Populärer Vortrag

von

D. Otto Pfleiderer,
Professor der Theologie in Berlin.

Berlin.
Druck und Verlag von Georg Reimer.
1891.

Das gespannte Verhältnis, welches gegenwärtig zwischen Kirche und wissenschaftlicher Theologie besteht und sich in Mistrauensvoten der Pastoralconferenzen und Synoden gegen die academischen Lehrer der Theo-

Obiger Vortrag war ursprünglich zwar nicht zur Veröffentlichung bestimmt, ich habe aber die Bitte des Herrn Verlegers, ihm das Manuscript zum Druck zu geben, umso lieber erfüllt, als ich gehört hatte, daß ein in Nr. 15 der „Täglichen Rundschau" erschienenes Referat grobe Entstellungen meines Vortrags enthalte. Inzwischen habe ich mich selbst überzeugt, daß dieses Referat indertat von Anfang bis zu Ende ein unglaublich entstelltes Zerrbild von meinem Vortrag enthält. Nicht nur gibt es keinen meiner Sätze getreu wieder, sondern es legt mir auch verschiedene Sätze in den Mund, von denen ich kein Wort gesagt hatte; es läßt mich z. B. viermal vom apostolischen Glaubensbekenntnis sprechen, während ich nicht ein einzigesmal davon gesprochen habe! Ich habe schon manche unangenehme Erfahrungen mit Berichten von meinen Vorträgen gemacht, aber die Willkürlichkeit, mit welcher der Berichterstatter der „Tägl. Rundschau" meinen Vortrag durchgängig entstellt und zum Behufe eines mir gründlich antipathischen Radicalismus verwertet hat, übersteigt alles Maß der sonst gewöhnlichen Irrtümer so sehr, daß es schwer ist, dabei noch an die bona fides des Berichterstatters zu glauben.

logie häufig genug kundgibt, ist unleugbar ein abnormer Zustand und ein für beide Teile fataler Uebelstand. Den theologischen Professoren wird dadurch das Vertrauen ihrer Schüler entzogen, welches die Bedingung einer erfolgreichen Wirksamkeit ist; die Kirche aber zerschneidet dadurch, daß sie die wissenschaftliche Theologie in Acht erklärt, das Band, welches sie mit dem allgemeinen Bewußtsein der Zeit verknüpft, verurteilt also sich selbst zu einer Isolirung, welche mit geistiger Aushungerung gleichbedeutend ist.

Fragen wir nach den Ursachen dieses abnormen Zustandes, so werden wir sie vorzugsweise, wie mir scheint, zu suchen haben in mangelndem Verständnis des geschichtlichen Rechtes und der durch die Verhältnisse der Gegenwart bedingten Aufgabe der wissenschaftlichen Theologie. Auf diese beiden Punkte möchte ich mir erlauben die Aufmerksamkeit hinzulenken.

## I.

Das Recht der wissenschaftlichen Theologie in der protestantischen Kirche steht und fällt mit dem Recht des Protestantismus selbst. Sie ist die legitime Erbin der Reformation, Hüterin der eigentümlichen protestantischen Principien und Fortsetzerin des von den Reformatoren begonnenen, aber im 16. Jahrhundert keineswegs endgültig vollendeten Werks der Reinigung der Kirche von der Trübung und Entstellung des Glaubens und Lebens.

Freilich war die Reformation nicht aus dem wissenschaftlichen Denken entsprungen, hatte ihren Anlaß nicht in Zweifeln des Verstandes, sondern in der Not des Gewissens, seinem Verlangen nach Versöhnung mit Gott und Befreiung von Sünde und Schuld. Weil Luther im Evangelium von Christo Jesu die Kraft Gottes erkannte, dieser Not zu helfen, das Gewissen zu trösten und aufzurichten und neu zu beleben, darum ward ihm der Glaube an diese im eignen Inneren erprobte Gotteskraft des Evangeliums der Mittelpunkt seines Christentums, die Lehre von der Rechtfertigung allein durch den Glauben der Mittelpunkt seiner Glaubenslehre. Am Gewissen also, diesem inneren Band zwischen Gott und Mensch, hatte Luther den Prüfstein gefunden, an welchem die religiöse Wahrheit ihre Echtheit, ihren göttlichen Ursprung und ihre göttliche Kraft zu erproben hatte, in der Erfahrung des Gewissens von der Heilskraft seiner Lehre hatte er den Stützpunkt seines Glaubens an ihre religiöse Wahrheit. Damit war die echtchristliche Verbindung von Religion und Sittlichkeit, die für die Gesundheit beider Seiten so außerordentlich wichtig ist, wieder hergestellt. Die Religion war nicht mehr, wie im Katholicismus, in das Jenseits kirchlicher Mysterien und unbegreiflicher Dogmen verbannt, sondern zu einer practischen Angelegenheit, einer Lebensfrage des sittlichen Menschen, des Gewissens gemacht.

Der sittliche Mensch ist aber zugleich auch der denkende Mensch; die Erfahrungen des Gewissens, wie sie bedingt sind von vorhergehenden Gedanken, so wirken sie wieder grundlegend und maßgebend für den ferneren Verlauf des Denkens. Die Erfahrung, die

Luther an seinem Gewissen gemacht hatte von der Kraftlosigkeit einerseits kirchlicher Satzungen und Leistungen, von der Gotteskraft andrerseits des Evangeliums, wie es in der hl. Schrift gegeben war, diese Erfahrung machte auch sein Denken frei von der bisherigen Gebundenheit an kirchliche Autorität, und gab ihm den Antrieb zur freien Prüfung der kirchlichen Ueberlieferung; was an dieser dem Gotteswort in der Schrift nicht entsprach, das verwarf er als menschlichen Irrtum, mochte es auch von den höchsten Autoritäten herrühren; ja sogar auf die biblischen Schriften selbst erstreckte sich seine Prüfung, sofern er zwischen mehr und weniger wertvollen Zeugnissen unterschied und nur das, was wahrhaft Christum treibe, für apostolisch gelten ließ.

So wenig also Luther von wissenschaftlicher Kritik ausgegangen ist, so gewiß ist er doch durch die natürliche Consequenz seiner religiös-sittlichen Gewissenserfahrung dazu geführt worden, auch wissenschaftliche Kritik zu üben, und damit dem denkenden Geist das principielle Recht auf Prüfung und selbständige Wahrheitsforschung zuzugestehen. Das Recht der wissenschaftlichen Kritik, ohne welches die Kirche der Reformation garnicht hätte entstehen können, sollte auch in ihrer Mitte consequenterweise nicht bestritten werden.

Aber die Consequenz ihrer Principien wurde von der Reformation nicht gezogen. Sie blieb zur Hälfte noch im Katholicismus stecken oder fiel wieder in ihn zurück, aus Gründen, welche teils in den äußern Verhältnissen lagen, teils in der eignen Unklarheit der

Reformatoren über die Tragweite ihrer neuen Gedanken.

Man hatte mit Recht dem Menschenwort der kirchlichen Ueberlieferung das reine Gotteswort in der Schrift entgegengestellt; aber nun übersah man im Eifer des Kampfes gegen Katholiken und Schwärmer, daß doch das Gotteswort nicht gleichbedeutend ist mit allen Worten der Bibel, die ja zunächst doch von Menschen geschrieben sind; man verwechselte das geschichtliche Zeugnis von göttlicher Offenbarung mit dieser selbst, hielt die menschliche und immer auch unvollkommene Ausdrucksform göttlicher Wahrheit für die reine und unbedingt göttliche Wahrheit selbst und kam so zu einer Vergötterung des Buchstabens der Schrift, welche mehr dem gesetzlichen Geist des Judentums, als dem freien Geist des Evangeliums entsprach. Damit war das freie Forschen des religiösen Geistes aufs neue an eine äußere Autorität gebunden, welche oft ebenso hemmend wurde, als die der Ueberlieferung der Kirche. Es war dabei nicht möglich, zu einem unbefangenen Verständnis der biblischen Schriftsteller oder vollends des Entwicklungsgangs der biblischen Religion zu gelangen. Daher geschah es natürlich, daß man viele von den kirchlichen Lehren, welche in der Schrift selbst noch gar nicht gelehrt sind, in sie hineindeutete, weil man die Schrift nicht aus sich heraus verstand, sondern durch die Brille der kirchlichen Dogmen ansah. Insbesondere die nicht unmittelbar mit der Rechtfertigungslehre verbundenen Dogmen von der Trinität, der Weltschöpfung in 6 Tagen, den Engeln und Teufeln, dem Sündenfall und der Erbsünde, den zwei Naturen Christi, der stellvertretenden Genugtuung, der Vorherbestimmung nahm man teils unverändert wieder in die protestantische Kirchenlehre herüber, teils gab man ihnen noch weitere Zusätze im Sinn der alten Kirchenlehrer und Scholastiker, wodurch die Unbegreiflichkeit dieser Dogmen sogar noch gesteigert wurde. Insbesondere wurde in der Lehre von den Sacramenten, wenn man sie auch auf zwei beschränkte, die magische Vorstellung von ihrer Wirksamkeit nicht beseitigt, so wenig diese sich auch mit dem Grundgedanken von der Rechtfertigung durch den Glauben reimen läßt. Zu allem dem kam hinzu, daß die Gewissensfreiheit, welche Luther anfangs so entschieden betont hatte gegenüber katholisch-priesterlichem Gewissenszwang, in der Praxis der protestantischen Kirchen wieder sehr beschränkt, ja fast ganz aufgehoben wurde durch die strenge Lehrdisciplin, welche die Lehrformeln der neuen Kirche wieder ganz ebenso zum verpflichtenden Gesetz für den Glauben ihrer Glieder machte, wie es bisher die katholische Kirche getan hatte. — Nimmt man endlich hinzu die fanatische Leidenschaftlichkeit, mit welcher die protestantischen Kirchen unter einander und in jeder von ihnen die verschiedenen theologischen Parteien und Cliquen unter einander sich befehdeten, verketzerten und verdammten, so muß man gestehen, daß dabei von dem großen Hauptstück des Christentums, welches Paulus noch über den Glauben stellte, von der Liebe gar wenig zu merken war.

Hatten wir zu Anfang als das große neue Princip der Reformation die enge Verbindung und Durchdringung von Religion und Sittlichkeit, und damit die Verinnerlichung und Vergeistigung der Religion bezeichnet, so müssen wir nun leider hinzufügen, daß dieses Princip so unvollkommen durchgeführt worden ist, daß man sagen könnte, es wurde mehr als Aufgabe für die Zukunft gestellt, denn wirklich schon ins kirchliche Leben und Denken aufgenommen. Eben darin nun aber, daß die erste Wirklichkeit der protestantischen Theologie und Kirche ihrer Idee, der im Princip liegenden Aufgabe noch so ungenügend entsprach, lag die Notwendigkeit einer Fortsetzung ihrer Arbeit, die Notwendigkeit der immer neuen Selbstbesinnung und Selbstreinigung.

Eine solche Selbstbesinnung uud Reinigung begann schon gegen Ende des 17. Jahrhunderts, zur Zeit der höchsten Blüte der Orthodoxie. Dem Spenerschen Pietismus gebürt das Verdienst, auf die unter dem Gezänke der Theologen um die „reine Lehre" so sehr verkürzte sittliche Seite des Christentums wieder ernstlich gedrungen und auch am Glauben das Herz vor dem Verstand wieder vorangestellt zu haben. Es war wie ein belebender Frühlingshauch, der über die öden und unfruchtbaren Gefilde der orthodoxen Lehrkirche einherbrauste, ein Erwachen zu neuem Leben ankündend und anbahnend. Freilich war es mehr Wärme als Licht, was der Pietismus brachte; seinem weichen Gefühlswesen eignete eine Scheu vor klarem und strengem Denken, so blieb er zwar nicht ohne Frucht, aber doch ohne durchschlagenden erneuernden Erfolg für die protestantische Theologie.

Am entgegengesetzten Fehler litt die „Aufklärung", welche bald nach dem Pietismus und zumteil anfangs in enger Verbindung mit ihm aufkam und den schon gelockerten Boden der orthodoxen Theologie vollends gänzlich unterwühlte und erschütterte. Auch der verstandesmäßigen Aufklärung läßt sich das geschichtliche Recht im Entwicklungsgang der Theologie nicht absprechen. Wie im Pietismus der Gewissensernst der Reformation wieder erwachte, so in der Aufklärung das ernste Streben des denkenden Geistes nach Wahrheitserkenntnis, das Recht des eignen Forschens und Prüfens, wie es im ersten Anfang der Reformation entschieden geltend gemacht worden war, um dann freilich bald wieder unterdrückt zu werden. Wol ist es wahr, daß die Aufklärung von einem sehr einseitigen Verstandesinteresse geleitet wurde und darüber das Wesen des Glaubens und die Bedürfnisse des frommen Herzens gar sehr verkürzt und verkannt hat. Aber man darf nicht vergessen, daß die Aufklärungstheologen diesen Fehler mit den Orthodoxen teilten, welchen ja auch die Religion in der Summe von Lehrmeinungen und dem Streiten über richtige dogmatische Formulirung aufging. Ja, die Aufklärung hatte vor der Orthodoxie den Vorzug, daß sie viel mehr Sinn hatte für die practische Seite der Religion, für die in ihr liegenden Motive des Gemeinsinnes, des Wolwollens, der Förderung allgemeiner Wolfahrt. Aber allerdings war ihr sittliches Ideal ebensowenig rein, als ihre religiöse Einsicht tief: beides erhob sich kaum über das Niveau einer spießbürgerlichen Glückseligkeitslehre, der es am Ernst des Gewissens und daher auch an wahrhaft vernünftigen Idealen fehlte.

Ein solches Geschlecht bedurfte eines neuen Zuchtmeisters auf Christum hin, der durch den Ernst des Gesetzes zu tieferer Selbsterkenntnis und damit zu tieferer Erkenntnis der christlichen Wahrheit führte. Ein solcher Moses und Elias erstand in Kant. Er hat die in Gefühlsschwelgerei erschlaffte Generation wieder zur Selbstbesinnung zurückgerufen, hat den Klugheitslehrern, welche den Wert der Tugend von ihrem Nutzen abhängig machten, wieder die Heiligkeit der Pflicht zu Gemüt geführt, welche unbedingte Achtung fordere, unabhängig von aller Neigung, welche aber den Menschen, indem sie ihn in Gehorsam beugt, zugleich zum Gefühl seiner wahren Würde erhebt und zum Bürger einer höhern, übersinnlichen Welt macht. Wol war es eine harte Lehre, aber sie wirkte wie ein Stahlbad auf die erschlafften Seelen; wol ging ein kalter Zug durch diese Moral des kategorischen Imperativs und diese Religion innerhalb der Grenzen der blosen Vernunft, aber es war der kühle Morgenwind, der einen sonnigen Tag verhieß.

Zur Herbeiführung dieses neuen Tages im Geistesleben unseres Volkes wirkten verschiedene Ursachen zusammen. Seit Rousseau als Anwalt des Herzens und seines natürlichen Empfindens gegen die Tyrannei des Verstandes und die Ueberbildung der Zeit aufgetreten war, hatte dieser ungewohnte Ton in den Seelen der Besten ein immer lauteres Echo geweckt. Männer wie Herder und Goethe, Jakobi, Hamann, Lavater, Novalis, Schleiermacher erhoben Protest gegen die dürre Verständigkeit und forderten für Herz und Phantasie das Recht des ungehemmten freien Fühlens, Ahnens und Schauens zurück. Ueber die beschränkten Begriffe und dürftigen Nützlichkeiten der Aufklärung erhoben sich die Geister zu Ideen und Idealen von unendlichem Gehalt, wenn auch von verschwommener Form. So ward aus Sturm und Drang himmelstürmender Genies die „Romantik" geboren, diese Apotheose des fühlenden Herzens und der von dunkler Gefühle Gewalt begeisterten Phantasie. In ihrer Verachtung des Verstandes, ihrer stolzen Abwendung von der dürren Gegenwart und Hinwendung zum Mittelalter hat sie viel Verwirrung angerichtet, aber doch auch viel Gutes gewirkt; sie glich dem Gewittersturm im Frühling, der die wolgeordneten Beete der Gärten verheert, aber weit und breit den Boden befruchtet und Saten sprießen macht. Diese wilden Gewässer auf die dürren Fluren der Theologie jener Zeit zu lenken und sie dadurch neu zu befruchten, war das Verdienst von Herder und Schleiermacher. Beide erhoben das Gefühl, das Kant so schnöde verachtet und verlästert hatte, wieder auf den Tron im Reich der Religion. Im frommen Gefühl den Bann der Endlichkeit zu durchbrechen und einszuwerden mit dem Leben des Unendlichen, das sei, lehrten sie, das eigentliche Wesen der Religion, wogegen Begriffe, Lehrmeinungen und Dogmen sämtlich nur abgeleitete Folgen aus der Grundtatsache des Gefühls seien. Auch Offenbarung, Eingebung, Wunder sind demnach zunächst nur Ausdrücke für innere Erlebnisse im frommen Gemüt, wie sie jeder Fromme erfahren kann und soll, indem er von dem Göttlichen in Natur und Geschichte oder in seinem eignen Leben mächtig ergriffen wird.

Inwendig also im eignen Herzen haben wir den Schlüssel zu finden für das Verständnis der Dinge, von welchen die heiligen Schriften berichten und über welche die Lehrgebäude der Kirchen ihre wunderlichen übervernünftigen Lehrsätze ausgesponnen haben. Aller Streit über diese Sätze ist damit hinfällig, daß erkannt wird, daß ihr Gegenstand nicht eigentlich äußere Ereignisse in der räumlichen Welt, sondern Erlebnisse der inneren geistigen Welt sind.

Das war indertat ein Gedanke von großartiger Fruchtbarkeit, es war damit erstmals das vom Dogmenstreit der Kirchen verschüttete Wesen der Religion, ihre Wurzel im Menschen wiederentdeckt; es war der Religion ihr Recht und ihre eigenartige Würde im Unterschied von Wissen und Handeln wiedergewonnen. Und doch litt dieser Fortschritt noch an einem großen Mangel, der teils ein übertriebener Rückschlag gegen die Aufklärung, teils die Folge des allen Richtungen bisher gemeinsamen Individualismus war. Hatte die Aufklärungs- und Kant'sche Philosophie die Religion zur Dienerin, ja zum Anhängsel der Moral erniedrigt, so sollte sie jetzt keinen Zusammenhang mit dieser haben, sondern in dem beschaulichen Gefühl, der ästhetischen Seelenstimmung ähnlich, verharren. Damit war sie zur ausschließlichen Sache des Einzelnen gemacht und alle sociale Bedeutung, alle Gemeinschaft stiftende und erhaltende Kraft ihr geraubt. Allerdings hat Schleiermacher selbst diese Fehler seiner romantischen Periode schon in seiner Glaubenslehre zumteil verbessert, indem er seine Lehre vom frommen Gefühl mit dem gemeinsamen Glauben der christlichen Kirche auszugleichen bestrebt war.

Ueberhaupt aber nahm das Denken jetzt seit Anfang unseres Jahrhunderts die Wendung vom Einzelnen zum geschichtlichen Ganzen. Schon Herder war in seinen tiefsinnigen Ideen zur Philosophie der Geschichte damit vorangegangen und Hegel folgte ihm auf dieser Bahn. Der Kern dieser Philosophie, durch welche sie auf die ganze, auch theologische Wissenschaft unseres Jahrhunderts ungemein befruchtend wirkte, liegt in ihrer Philosophie der Geschichte, der Betrachtung des geschichtlichen Lebens im Lichte der ewigen göttlichen Vernunft, die ihre mannigfachen Zwecke mit der Menschheit nur in einem fortgehenden Proceß menschlicher Geistesentwicklung verwirklichen kann. Jedes Volk, jedes Zeitalter, jede Kunst- und Wissensepoche, ja jede Religion und Kirche hat ihren besonderen Beitrag zur Verwirklichung des allgemein-menschlichen Vernunftzweckes zu liefern; alle Erscheinungen der Geschichte enthalten Vernunft, denn sie sind Mittel zur Selbstverwirklichung des vernünftigen Weltzwecks.

Das also waren die beiden großen Errungenschaften, durch welche der Geist des 19. Jahrhunderts sich vom 18. unterscheidet und durch welche auch der Theologie neue Bahnen gewiesen wurden: einerseits das Verständnis für das Innerste der Persönlichkeit, für die Rechte des Herzens, für der Gefühle dunkle Gewalt, für das Bedürfnis der Symbolik des Unaussprechlichen durch Bilder der Phantasie, und andererseits das Verständnis für das Gesamtleben der Geschichte, für das Wahre und Gute, was in der Vergangenheit oft unter fremdartigen und abstoßenden Formen doch immer in irgendwelchem

Grade vorhanden ist und als wertvoller Keim bleibender Wahrheit Beachtung und Pietät verdient. Nehmen wir als drittes hinzu die Errungenschaft Kant's: die Begründung des Sittlichen im Heiligtum des Gewissens und seiner unbedingten heiligen Gesetzgebung: so haben wir die drei Strömungen beisammen, welche in der Theologie dieses Jahrhunderts sich in der Weise vereinigen, daß bald die eine, bald die andere vorherrscht, keine aber ganz fehlt.

## II.

Die Theologie der Gegenwart will nichts anderes, als die im 16. Jahrhundert unvollendet gebliebene Reformation mit den Mitteln und für die Bedürfnisse des 19. Jahrhunderts fortsetzen, sie will das evangelische Christentum losmachen von den ihm damals noch anhaftenden Schlacken des katholischen Wesens. Sie will die in der Reformation durch die Appellation an das Gewissen angestrebte innige Durchdringung von Religion und Sittlichkeit zur vollen Durchführung bringen, den Glauben läutern und beleben durch Erkenntnis und Liebe, und die Erkenntnis und Liebe heiligen durch den Glauben; sie will eben damit zugleich die fatale Kluft beseitigen zwischen der Ueberzeugung der Einzelnen, welche unter dem Einfluß der heutigen Zeitbildung stehen, und dem auf geschichtlicher Ueberlieferung ruhenden Glauben der kirchlichen Gemeinschaft. Daß diese Aufgabe wichtig und dringend ist, wird Jeder zugeben; aber auch daß sie schwierig und nicht rasch zu lösen ist, ist leicht einzusehen.

Die Schwierigkeit ist in gewisser Hinsicht sogar noch größer als in der Reformationszeit. So groß auch damals die Kluft war, welche in der practisch-religiösen Ueberzeugung und Stimmung die Reformatoren von der alten Kirche trennte, so teilten sie doch noch immer mit dieser das theoretische Weltbild, welches dem überlieferten Glauben von den Kirchenvätern her zugrunde lag. Daher wurde ihnen auch die Beibehaltung der kirchlichen Dogmen nicht als Beschwerde für ihren practisch-religiösen Glauben fühlbar. Anders ist dies jetzt geworden, seitdem die Fortschritte der Naturwissenschaft das alte Weltbild so völlig umgewandelt haben. Uns wölbt sich nicht mehr das feste Himmelsgewölbe über der ruhenden Erde, sondern wir wissen unseren Wohnort als einen Stern neben andern, als rollenden Weltkörper im unendlichen Raum: wo bleibt da der Schauplatz für den Verkehr zwischen Himmel und Erde, für das Auf- und Niedersteigen himmlischer Wesen, von welchem die biblische Geschichte erzählt und welches der Glaubenslehre als der sinnliche Rahmen für ihre religiöse Vorstellung dient? Und wie unsere Erde dem Gesetz der Schwerkraft folgt, so gehorchen die Vorgänge der Erdenwelt den Gesetzen der Natur, welche im stetigen Verlauf der Erscheinungen jedes Glied mit den andern verknüpfen und die Ordnung des Ganzen, den harmonischen Weltbau tragen: wo bleibt da eine Stätte für übernatürliche Erscheinungen, für die Wunder der religiösen Sage und Dichtung? Und nicht auf die äußere Natur blos beschränkt sich die goldene Kette des Gesetzes, das die Kräfte zügelt und lenkt: auch die Natur des Menschen, die Erscheinungen seines Seelenlebens und die Tätigkeiten seines Erkennens haben sich dem zerlegenden Verstand als ein gesetzmäßiger Verlauf enthüllt, in welchem die Seele nach den inneren Gesetzen ihrer Organisation die auf sie einwirkenden Reize aufnimmt und verarbeitet und daraus die innere Welt des Bewußtseins gestaltet: wo bleibt da ein Raum für das Wunder der Inspiration in dem alten Sinn einer Mitteilung bestimmter Lehren, wobei der Mensch das blos passive Gefäß rein göttlicher Kundgebung wäre, während doch kein Gedanke in uns entstehen kann ohne die eigene Selbsttätigkeit unseres Geistes? So sind es die Ergebnisse der wissenschaftlichen Erforschung der außer- und innermenschlichen Natur, welche den naiven Glauben der Alten an Uebernatürliches, an Wunderwirkungen dem Menschen von heute zur schweren Last machen, einer Last, die seinem religiösen Gefühl mehr zur Hemmung als zur Förderung dient.

Von nicht geringerer Bedeutung sind die Fortschritte der Geschichtswissenschaft und der Auslegungskunst. Während die Alten durchaus kein Arg daran fanden, in die Worte der heilgen Schriften den Sinn hineinzudeuten, der ihren dogmatischen Voraussetzungen und Bedürfnissen entsprach, so erscheint uns, die wir die Methode der sprachlichen Auslegung alter Schriften gelernt haben, ein solches Verfahren als gänzlich unzulässige Vergewaltigung der Schriftworte. Während die Alten keinen Begriff von geschichtlicher

Entwicklung hatten und daher keinen Anstoß daran nahmen, spät entstandene Lehrsätze schon in die ältesten biblischen Bücher hineinzutragen und durch die ganze Schrift hindurch überall dasselbe, nämlich ihr kirchliches Glaubenssystem wiederzufinden, so haben wir gelernt, die Eigentümlichkeiten der einzelnen Zeiten und Schriftsteller auch in der Bibel wie in aller Literatur zu unterscheiden, jeden Schriftsteller aus den Bedingungen seiner Zeit und Umgebung zu verstehen und einen Fortschritt, eine Umwandlung der Denk- und Glaubensweise auch im Verlauf der biblischen Geschichte wahrzunehmen. Daß hierdurch die ganze Stellung der heutigen Theologen zur Schrift eine andere geworden ist als zu der Zeit, wo man in ihr ein gleichförmiges Ganzes von unmittelbar göttlich eingegebenen Orakeln sah, das leuchtet Jedem ein.

Was aber hat diese Wandlung für Religion und Kirche zu bedeuten? Ist damit nicht die Autorität der heiligen Schrift, die Grundsäule aller Glaubensgewißheit, erschüttert oder aufgehoben? Und wie kann dann der Glaube ferner bestehen? Solche Fragen ängstlicher Gemüter kann man jetzt oft hören und bei Manchen steigern sie sich zu leidenschaftlichen Anklagen gegen die wissenschaftlichen Theologen, als ob diese aus purem Mutwillen und eitlem Vorwitz sich an den Heiligtümern des Glaubens vergreifen würden. Wir haben darauf ein doppeltes zu erwidern. Erstens: Die veränderte Stellung der heutigen wissenschaftlichen Theologie zur Bibel und zum kirchlichen Bekenntnis stammt nicht von menschlicher Willkür her, sondern ist das notwendige Ergebnis der Fortschritte der Wissenschaft überhaupt, deren Ergebnisse die Theologie nicht ignoriren durfte, wollte sie nicht ihrem Beruf untreu werden, welcher eben in der denkenden Bearbeitung des Glaubens besteht. Zum andern geht bei dieser veränderten Stellung der Theologie zu Schrift und Bekenntnis nichts für den religiösen Glauben wesentliches verloren, wol aber wird er von hemmenden und trübenden Zutaten befreit, sodaß der Gewinn sich zuletzt viel größer erweist als der Verlust.

Freilich kann uns die Schrift nicht mehr als die Sammlung von Orakeln erscheinen, an welcher jeder Buchstabe unfehlbare göttliche Autorität wäre. Wir haben auf die menschliche Seite an ihr achten gelernt, haben die geschichtlichen Voraussetzungen und Bedingungen der Entstehung der einzelnen Schriften wahrgenommen, kurz wir halten die Schrift für ein von Menschen für Menschen geschriebenes Buch voll erhabenen heiligen Inhalts. Dadurch wird ihr religiöser Wert für uns um nichts geringer, ihre Kraft, den Glauben zu wecken, zu stärken und zu erbauen, nicht schwächer. Denn diese Kraft hing ja nicht an der dogmatischen Vorstellung von dem Ursprung dieser Schriften — diese Vorstellung war vielmehr selbst nur ein unbeholfener Ausdruck der erfahrenen erbaulichen Kraft — diese Kraft hängt einzig und allein an dem Inhalt der Bibel, dessen Verständnis uns jetzt viel zugänglicher und klarer geworden ist, als es frühern Zeitaltern gewesen. Wir finden in der Schrift die Geschichte der ursprünglichen Offenbarung, auf welcher unsere christliche Religion beruht, aber einer Offenbarung, die nicht in einer Summe von einzelnen zwischen Himmel und Erde vorgehenden Wunderereignissen besteht, sondern darin, daß der göttliche Geist an den Herzen und Gewissen der Menschen sich als die Macht des Guten, als richtende Heiligkeit und rettende Liebe immer reiner und kräftiger kundgibt. Nicht ist mit einemmal alle Wahrheit fix und fertig da, sondern in langsamer und stetiger Entwicklung, in geordnetem Stufengang, wie es dem Walten der ordnenden Weisheit entspricht, erwächst aus kleinen, unscheinbaren Anfängen eine immer reichere Sat von Gotteserkenntnis und gottgefälliger Sittlichkeit. Dabei stehen äußere Volksgeschichte und innere Religionsgeschichte in steter fruchtbarer Wechselwirkung. Die Eigenartigkeit der politischen Stellung Israels zur Völkerwelt wirkt bedingend mit zur eigenartigen Entwicklung seiner Religion. Große Zeiten wecken die großen Männer, die Herolde des Gottes der Väter, die Propheten und Gesetzgeber des Gottesvolkes. Ihr Katechismus ist die Geschichte selbst, die sie deuten im Lichte der sittlichen Gottesidee, wie sie in ihrem Gewissen aufgegangen. Nie ist das Völkerleben, die große Politik und die sociale Frage großartiger, reiner, sittlicher aufgefaßt worden, als von den Propheten Israels! Als dann nach dem Exil nur ein Rest von getreuen Israeliten zurückgekehrt war, da wurde die ideale Religion der Propheten von den Schriftgelehrten zur Gesetzesreligion veräußerlicht, ein lehrreicher Vorgang für spätere ähnliche Wandlungen des Urchristentums. Aber unter der gesetzlichen Hülle bildete sich in der Stille eine innerliche persönliche Frömmigkeit, in welcher die Religion der Propheten aus dem Großen des Völkerlebens auf die innerlichen Erlebnisse des einzelnen Frommen übertragen wurde. Was die Psalmdichter aus der eignen Erfahrung vom Verkehr der Seele mit Gott, vom Ringen mit den Zweifeln, von der erlösenden Kraft des Gottvertrauens schildern, das ist eine Quelle frommer Erbauung für alle Zeiten geworden. Und doch war alles dieses Herrliche, was Propheten und Sänger des Alten Bundes gesprochen, nur die Morgendämmerung des Tages, der in Jesus von Nazareth anbrach. Er weiß sich mit Gott so eins, wie ein Kind mit seinem Vater, und aus der Kraft der Liebe Gottes in seinem Herzen quillt ihm die Heilands-Liebe zu seinen Brüdern; er verachtet nicht die Sünder, sondern nimmt sich ihrer erbarmend an, denn er glaubt an das unzerstörte Gute in jeder Menschenseele, weil er alle Menschen bestimmt weiß zu Kindern seines Vaters im Himmel. Er kämpft nur gegen die lieblose Selbstgerechtigkeit und Heuchelei der Pharisäer und Schriftgelehrten, die mit Lippen- und Ceremoniendienst Gott nahten, während ihr Herz fern von ihm war. Er verkündigt ein Gottesreich nicht nach den Wünschen jüdischer Selbstsucht, sondern ein Reich der Wahrheit und Gerechtigkeit. Und diese frohe Botschaft besiegelt er mit dem Tode am Kreuz, getreu seinem Worte: wer seine Seele verliert um des Reiches willen, der wird sie finden. — Eben diese Wahrheit, die er an Jesu vorbildlich verwirklicht sah, hat sein größter Apostel Paulus zum Mittelpunkt seines Evangeliums gemacht: durch Tod zum Leben! Sterben muß der alte Mensch, der natürliche Adam, damit auferstehe der neue Mensch in Gerechtigkeit und Heiligkeit. Sind wir mit Christo in Glauben und Taufe gestorben, so glauben wir, daß wir auch mit ihm leben werden. So wird ihm Christus zum Urbild und Haupt der neuen Menschheit, zum Herrn, welcher der Geist ist und als Geist lebt und regiert in all seinen Gliedern, die er alle auch zu Gottessöhnen nach dem Ebenbild des Erstgeborenen umschafft. Johannes endlich faßt diese neue von Jesus ausgegangene Lebensmacht zusammen in dem Gedanken des göttlichen Worts, das, wie es von Anfang Licht und Leben war, jetzt in Christus als Gnade und Wahrheit in menschlicher Leibhaftigkeit erschienen ist. Er sieht in Christus den Gipfel aller göttlichen Offenbarung und eben damit wieder den Quell einer fortgehenden, in alle Wahrheit leitenden Geisteskraft für die Menschheit.

So finden wir in der Schrift das großartigste Drama der Weltgeschichte, das Drama der Entwicklung eines ewigen göttlichen Heilsgedankens, der sich durch die Zeit hindurch immer völliger verwirklicht, dessen Wahrheit Jedem verständlich und doch von Keinem ganz zu erschöpfen ist, weil Jeder immer nur soviel davon wahrhaft zu erkennen vermag, als er an sich selbst in nachbildlicher Erfahrung erlebt und betätigt. Ist denn solche Betrachtung der Bibel nicht viel größer und erhebender als die alte, wo man in ihr inspirirte Orakel suchte?

Freilich die Kirche hat dieses Licht vielfach wieder unter den Scheffel gestellt. Indem sie versuchte, das Geheimnis des Glaubens: daß Gott mit uns und in uns ist, in der Form der griechischen Weltweisheit sich faßlich zu machen, hat sie es zu einem nicht faßlichen Geheimnis des Wissens verwandelt und in die jenseitige Welt dunkler göttlicher Verhältnisse hinausgerückt. Ebenso die römische Welt hat das Geheimnis der Liebe: die Gemeinschaft der Heiligen im Geist der selbstlosen Liebe — veräußerlicht zur gesetzlichen Kirchenanstalt, zu einem neuen theokratischen Weltstaat und Priesterstaat. Aus den Gnadenmitteln, den Sinnbildern des Glaubens und der Liebe, hat sie magische Zaubermittel gemacht, durch welche das Heil dem Menschen eingegossen werden sollte, aus dem Gottesdienst im Geist und in der Wahrheit einen Dienst der Formen und Ceremonien.

Aber wie sehr dadurch das Licht unter den Scheffel gestellt war, erloschen war es doch nicht. Was die Kirche wollte mit ihren Glaubens- und Cultusformen, war doch immer eben dieses: den Schatz der religiösen Heilskräfte, in deren Besitz sie sich wußte, mit den Mitteln ihrer Zeit zum Ausdruck und zur Darstellung zu bringen. Als diese Mittel nicht mehr dem Zweck entsprachen, da hat die Kirche der Reformation sie soweit erneuert, daß das versteckte Licht der Wahrheit wieder auf den Leuchter gestellt wurde. Aber auch sie hat dann wieder in ihren neuen Bekenntnissen- sich neue Ausdrucksmittel ihres Glaubens entsprechend ihrem Verständnis geschaffen, und hat dabei ausdrücklich erklärt, daß diese Bekenntnisse sich der Prüfung nach dem reinen Gotteswort immer wieder unterziehen sollen.

Was tun denn nun wir Heutigen anderes, als was die alten Lehrer der Kirche und was die Väter der protestantischen Kirche getan hatten: Wir suchen den Glaubensschatz des Evangeliums in der Sprache unserer Zeit und für ihr Verständnis darzustellen. Wir wollen dabei nicht auflösen, sondern erfüllen. Wir wollen an unserem Teil beitragen zur allmählichen Verwirklichung des alten Prophetenworts: Sie werden Alle von Gott gelehrt sein, und des Christusworts: Ihr werdet die Wahrheit erkennen und die Wahrheit wird euch frei machen! Es geht durch unsere Zeit ein mächtiges Fragen und Suchen nach Wahrheit und Erkenntnis, ein Drängen und Streben nach Befreiung von alten Vorurteilen, hemmenden Schranken und unnatürlichen Fesseln. Was will das werden? Wir wissen es nicht, aber so viel wissen wir, daß nicht Alles Wahrheit ist, was dafür gilt, und nicht Alles Freiheit ist, was so heißt; so viel wissen wir, daß die Wahrheit nicht dem beschränkten Sinn sich enthüllt, der sie im gemeinen Stoff der Wirklichkeit, ja wol gar in der Gemeinheit und dem Schmutz der Gasse sucht, sondern nur dem reinen Auge, das über den vergänglichen Schein sich erhebt zu der idealen Welt ewiger Gesetze und Güter, zu der sittlichen Weltordnung, in welcher der Glaube die Gedanken und Wege der weltregierenden göttlichen Weisheit erkennt. Und soviel wissen wir, daß Freiheit nicht besteht in der Unvernunft der Willkür, im blinden Begehren nach Genuß und im wilden Kampf ums Dasein, sondern in der Hingabe an die gemeinsamen Zwecke der menschlichen Gesellschaft, in dem selbstlosen Dienst der Liebe, welche die eigene Befriedigung nur findet in dem Streben nach dem allgemeinen Besten, im Trachten nach Gottes

Reich und Gerechtigkeit. Diese ewigen Ideen und Ideale als göttliche Leitsterne menschlichen Strebens dem Geschlecht unserer Tage immer aufs neue vor Augen zu stellen und ans Herz zu legen, das ist die große Aufgabe der Kirche, die heutzutage so wichtig und wichtiger ist als je. Um die Aufgabe aber zu erfüllen, um für ihr zurechtweisendes, lehrendes und mahnendes, tröstendes und erhebendes Wort Gehör zu finden, muß sie die Sprache unserer Zeit reden, muß das Evangelium verkündigen nicht in den geheimnisvollen Formeln vergangener Schulweisheit, sondern in der schlichten und verständlichen Form, die unmittelbar zu den Herzen der Hörer dringt und an den Gewissen der Zeitgenossen sich als die heilsame, befreiende und beseligende Wahrheit erweist. Dazu der Kirche zu verhelfen, daß sie ihrer hochwichtigen Aufgabe in der Gegenwart gewachsen sei, das ist die Sache der theologischen Wissenschaft; ihr liegt es ob, die Waffenrüstung zu Schutz und Trutz herzustellen, mittelst welcher die Kirche den Kampf wider die finstern Mächte der Zeit zu bestehen vermag. Wehe der Theologie, so sie dieser Aufgabe aus Bequemlichkeit oder aus feiger Menschengefälligkeit sich entzöge! So das Salz dumm wird, womit soll man salzen? So die Lehrer nicht fortschreiten würden in Einsicht und Erkenntnis der heilsamen Wahrheit, wie sollte die Kirche mit der Zeit, in der und auf die sie wirken soll, Schritt halten können? Mögen die, welche die Theologen an die Formeln der Vergangenheit für immer binden und zu der Sprachweise der Väter wieder zurückkehren lassen möchten, mögen sie sich an das Wort des großen Apostels erinnern lassen, das man über jeden theologischen Hörsal schreiben sollte: „Da ich ein Kind war, redete ich wie ein Kind und war klug wie ein Kind und hatte kindische Anschläge; da ich aber ein Mann ward, tat ich ab, was kindisch ist"; und „Lieben Brüder, werdet nicht Kinder am Verständnis, sondern an der Bosheit seid Kinder, am Verständnis aber werdet vollkommen!" (1. Kor. 13, 11. 14, 20.)

| | M. Pf. |
|---|---|
| **Gass, W., Geschichte der protestantischen Dogmatik** in ihrem Zusammenhange mit der Theologie überhaupt. 4 Bände. . . . . . . . . . . . . . . . . . | 12.— |
| — **Die Lehre vom Gewissen. Ein Beitrag zur Ethik.** | 3.— |
| — **Symbolik der griechischen Kirche.** . . . . . . | 7.— |
| — **Optimismus und Pessimismus. Der Gang der** christlichen Welt- und Lebensansicht. . . . . . . | 4.— |
| — **Geschichte der christlichen Ethik. In zwei Bänden.** | 20.— |
| 1r Bd. Bis zur Reformation. . . . . . . . . . . | 7.— |
| 2r Bd. erste Abtheil. 16. und 17. Jahrhundert. Die vorherrschend kirchliche Ethik. . . . . . . | 6.— |
| — zweite Abtheil. 18. und 19. Jahrhundert. Die philosoph. und die theolog. Ethik. . . . . . | 7.— |
| **Hausandachten aus Schleiermacher's Predigten, in** tägl. Betrachtungen nach der Ordnung des Kirchenjahres zusammengestellt von Franz Remy. 2 Thle. | 4.— |
| **Holsten, C., Das Evangelium des Paulus. Erster** Theil: der Brief an die Gemeinde Galatiens und der 1. Brief an die Gemeinde in Korinth. . . . . . . | 8.— |
| — **Ursprung und Wesen der Religion. Thesen und** Vortrag. (Abdruck a. d. Protest. Kirchenzeitung.) . | —.60 |
| **Jacobsen, A., Untersuchungen über die synopt. Evangelien.** . . . . . . . . . . . . . . . . . . . . | 2.— |
| — **Untersuchungen über das Johannes-Evangelium.** . | 2.— |
| **Keim, Th., Rom und das Christenthum. Eine Darstellung** des Kampfes zwischen dem alten und neuen Glauben im römischen Reiche während der beiden ersten Jahrhunderte unserer Zeitrechnung. Aus K.'s handschriftl. Nachlass herausg. von H. Ziegler. . . | 5.— |
| **Klöpper, A., Commentar über das zweite Sendschreiben** des Apostels Paulus an die Gemeinde zu Korinth. . . . . . . . . . . . . . . . . | 8.— |

| | M. Pf. |
|---|---|
| **Klöpper, A., Der Brief an die Colosser kritisch untersucht** und in seinem Verhältnisse zum paulinischen Lehrbegriff exegetisch und biblisch-theologisch erörtert. | 10.— |
| **Kuenen, A., Volksreligion und Weltreligion. 5 Hibbert-Vorlesungen.** . . . . . . . . . . . . . . | 5.— |
| **Lang, H., Ein Gang durch die christliche Welt.** Studien über die Entwickelung des christlichen Geistes in Briefen an einen Laien. 2. Aufl. . . . . . . . . | 3.75 |
| — **Martin Luther, ein religiöses Charakterbild.** . . | 5.— |
| — **Versuch einer christl. Dogmatik, allen denkenden** Christen dargeboten. 2. Aufl. . . . . . . . . . . | 3.50 |
| **Martineau, Religion in ihrer Stellung zum modernen** Materialismus. Eine Rede. A. d. Engl. übersetzt von Ad. Sydow. . . . . . . . . . . . . . . . . | 1.— |
| **Pfleiderer, O., Festpredigt am Protestantentag in** Hildesheim den 10. October 1878. . . . . . . . . | —.20 |
| — **Grundriss der christlichen Glaubens- und Sittenlehre** als Compendium für Studirende und als Leitfaden für den Unterricht an höheren Schulen. 4. Aufl. 8. | 5.— |
| geb. | 6.— |
| — **die deutsche Religionsphilosophie und ihre Bedeutung** für die Theologie der Gegenwart. Eine Einleitungs-Vorlesung. . . . . . . . . . . . . . | —.30 |
| — **Religionsphilosophie auf geschichtlicher Grundlage.** Zweite, stark erweiterte Auflage in zwei Bänden. . . . . . . . . . . . . . . . . . | 18.— |
| — **Luther als Begründer der protestantischen Gesittung.** Ein Vortrag zur Lutherfeier. (Abdr. a. d. Protest. Kirchenzeitung. . . . . . . . . . . . | —.50 |
| — **Das Urchristenthum, seine Schriften und Lehren** in geschichtlichem Zusammenhange. . . . . . . | 14.— |
| geb. | 16.50 |

M. Pf.

**Schleiermacher, Fr., Der christliche Glaube nach** den Grundsätzen der evangelischen Kirche im Zusammenhange dargestellt. 2 Bände. 6te unveränderte Ausg. . . . . . . . . . . . . . . . . . . 8.—

— **Die christliche Sitte nach den Grundsätzen der** evangelischen Kirche im Zusammenhange dargestellt. Herausgegeben von L. Jonas. 2. Aufl. . . . . . . 6.—

— **Ueber die Religion. Reden an die Gebildeten** unter ihren Verächtern. 7te Aufl. . . . . . . . . 2.—

**Schmidt, P., Spinoza und Schleiermacher. Die Ge**schicke ihrer Systeme und ihr gegenseitiges Verhältniss. Ein dogmengeschichtlicher Versuch. . . . . 2.25

— **Neutestamentliche Hyperkritik an dem jüngsten** Angriff gegen die Aechtheit des Philipperbriefes auf ihre Methode hin untersucht; nebst einer Erklärung des Briefes. . . . . . . . . . . . . . . . . 2.—

— **Der erste Thessalonicherbrief neu erklärt nebst** einem Exkurs über den zweiten gleichnamigen Brief. 4.—

**Scholten, J. H., Das Evangelium nach Johannes.** Kritisch-historische Untersuchung. Aus dem Holländischen von H. Lang. . . . . . . . . . . . 3.—

**Seydel, Rud., Vom Christenthum Christi. Vier Vor**träge. 8. . . . . . . . . . . . . . . . . 1.80

**Steck, R., Darwinismus und Christenthum. (Abdr.** a. d. Protestant. Kirchenzeitung.) . . . . . . . . —.30

— **Der Galaterbrief nach seiner Echtheit untersucht.** Nebst kritischen Bemerkungen zu den paulinischen Hauptbriefen. . . . . . . . . . . . . . . 8.—

**Steinthal, H., Dr., Zu Bibel und Religionsphilosophie.** Vorträge und Abhandlungen. . . . . . . . . . . 4.80

**Stingelin, E., Die Grundwahrheiten des Christenthums** mit besonderer Rücksicht auf die kirchlichen Feste. . 8.—

FSC
www.fsc.org
MIX
Papier | Fördert gute Waldnutzung
FSC® C083411

Kolibri 360 GmbH
Ferdinand-Jühlke-Straße 7
99095 Erfurt, Deutschland
produktsicherheit@kolibri360.de